JIANGXI PROVINCE WATER RESOURCES BULLETIN

江西省水资源公报
2023

江西省水利厅　编

中国水利水电出版社
www.waterpub.com.cn

·北京·

图书在版编目（CIP）数据

江西省水资源公报. 2023 / 江西省水利厅编. -- 北京 : 中国水利水电出版社, 2024.5
ISBN 978-7-5226-2455-6

Ⅰ. ①江… Ⅱ. ①江… Ⅲ. ①水资源－公报－江西－2023 Ⅳ. ①TV211

中国国家版本馆CIP数据核字(2024)第093043号

审图号：赣S（2024）100号

书　　名	江西省水资源公报 2023 JIANGXI SHENG SHUIZIYUAN GONGBAO 2023	
作　　者	江西省水利厅 编	
出版发行	中国水利水电出版社	
	（北京市海淀区玉渊潭南路 1 号 D 座　100038）	
	网址：www.waterpub.com.cn	
	E-mail：sales@mwr.gov.cn	
	电话：（010）68545888（营销中心）	
经　　售	北京科水图书销售有限公司	
	电话：（010）68545874、63202643	
	全国各地新华书店和相关出版物销售网点	
排　　版	中国水利水电出版社装帧出版部	
印　　刷	北京科信印刷有限公司	
规　　格	210mm×285mm　16 开本　2.5 印张　60 千字	
版　　次	2024 年 5 月第 1 版　2024 年 5 月第 1 次印刷	
定　　价	48.00 元	

编写说明

1.《江西省水资源公报2023》（以下简称《公报》）中涉及的数据来源于经济社会发展统计与实时监测统计的分析成果。

2.《公报》中用水总量按《用水统计调查制度（试行）》的要求进行数据统计，根据《用水总量核算工作实施方案（试行）》进行用水量核算。

3.《公报》中多年平均值统一采用1956—2016年水文系列平均值。

4.《公报》中部分数据合计数、比较率因单位取舍不同而产生的计算误差，未作调整。

5.《公报》中涉及的定义如下：

（1）**地表水资源量**：指河流、湖泊、冰川等地表水体逐年更新的动态水量，即当地天然河川径流量。

（2）**地下水资源量**：指地下饱和含水层逐年更新的动态水量，即降水和地表水入渗对地下水的补给量。

（3）**水资源总量**：指当地降水形成的地表和地下产水总量，即地表产流量与降水入渗补给地下水量之和。

（4）**供水量**：指各种水源提供的包括输水损失在内的水量之和，分地表水源、地下水源和其他水源。地表水源供水量指地表水工程的取水量，按蓄水工程、引水工程、提水工程、调水工程四种形式统计；地下水源供水量指水井工程的开采量，按浅层淡水、深层承压水和微咸水分别统计；其他水源供水量包括再生水厂、集雨工程、海水淡化设施供水量及矿坑水利用量。

（5）**用水量**：指各类河道外用水户取用的包括输水损失在内的毛用水量之和，按生活用水、工业用水、农业用水和生态环境用水量四大类用户统计，不包括海水直接利用量以及水力发电、航运等河道内用水量。生活用水，包括城镇生活用水和农村生活用水，其中，城镇生活用水由城镇居民生活用水和公共用水（含第三产业及建筑业等用水）组成；农村生活用水指农村居民生活用水。工业用水，指工矿企业在生产过程中用于制造、加工、冷却、空调、净化、洗涤等方面的用水，按新水取用量计，不包括企业内部的重复利用水量。农业用水，包括耕地和林地、园地、牧草地灌溉，鱼塘补水及牲畜用水。生态环境用水量仅包括人为措施供给的城镇环境用水和部分河湖、湿地补水，不包括降水、径流自然满足的水量。

（6）**耗水量**：指在输水、用水过程中，通过蒸腾蒸发、土壤吸收、产品吸附、居民和牲畜饮用等多种途径消耗掉，而不能回归到地表水体和地下水含水层的水量。

（7）**耗水率**：指用水消耗量占用水量的百分比。

（8）**农田灌溉水有效利用系数**：指在某次或某一时间内被农作物利用的净灌溉水量与水源渠首处总灌溉引水量的比值。

6.《公报》由江西省水利厅组织编制，参加编制的单位包括江西省水文监测中心、江西省灌溉试验中心站、江西省各流域水文水资源监测中心。

目　录

contents

一、概述

江西省位于长江中下游南岸，国土面积为 166948km²。全省多年平均年降水量为 1646mm，多年平均水资源总量为 1569 亿 m³。《公报》按水资源分区和行政分区分别分析 2023 年度江西省水资源及其开发利用情况。

（一）水资源量

2023 年，全省平均年降水量为 1642mm，比多年平均值少 0.3%。全省地表水资源量为 1389.28 亿 m³，比多年平均值少 10.5%。地下水资源量为 341.37 亿 m³，比多年平均值少 9.8%。水资源总量为 1409.53 亿 m³，比多年平均值少 10.2%。

（二）蓄水动态

2023 年年末，全省 36 座大型水库、264 座中型水库蓄水总量为 126.51 亿 m³，比年初增加 11.50 亿 m³，年均蓄水量为 127.67 亿 m³。

（三）水资源开发利用

2023 年，全省供水总量为 240.65 亿 m³，占全年水资源总量的 17.1%，其中，地表水源供水量为 234.66 亿 m³，地下水源供水量为 2.57 亿 m³，其他水源供水量为 3.42 亿 m³。全省用水总量为 240.65 亿 m³，其中，农业用水占 72.3%，工业用水占 15.8%，居民生活用水占 9.1%，城镇公共用水占 3.1%，生态环境用水占 1.7%。全省耗水总量为 115.00 亿 m³，综合耗水率为 47.8%。

全省人均综合用水量为 533m³，万元地区生产总值（当年价）用水量为 75m³，万元工业增加值（当年价）用水量为 34m³，耕地实际灌溉亩均用水量为 567m³，农田灌溉水有效利用系数为 0.538，林地灌溉亩均用水量为 235m³，园地灌溉亩均用水量为 144m³，鱼塘补水亩均用水量为 265m³，人均生活用水量（含公共用水）为 179L/d，人均城乡居民用水量为 134L/d。

（四）用水总量和用水效率控制指标执行情况

2023 年，全省用水总量 240.65 亿 m³，折减后的用水总量为 219.32 亿 m³，优于 2025 年控制指标（262.32 亿 m³）要求。

全省万元地区生产总值用水量（可比价）较 2020 年降低 16.3%，年度控制指标为 13.0%；万元工业增加值用水量（可比价）较 2020 年降低 37.9%，年度控制指标为 15%；非常规水源 3.42 亿 m³，年度控制指标为 3.05 亿 m³；农田灌溉水有效利用系数为 0.538，年度控制指标为 0.524；用水效率指标和非常规水源最低利用量均达到年度控制指标要求。

二、水资源量

（一）降水量

2023 年江西省平均年降水量[1]为 1642mm，折合降水总量为 2740.40 亿 m³。在空间分布上，江西省降水高值区主要位于武夷山山区，降水低值区主要位于赣北长江干流、赣中南盆地地区。2023 年江西省年降水量等值线见图 1；2023 年江西省年降水量距平[2]见图 2。在时间分布上，江西省 2023 年逐月降水量与多年月平均降水量占比基本相似。2023 年江西省月降水量变化与 2022 年和多年平均值比较见图 3。1956—2023 年江西省年降水量变化见图 4。

从行政分区看，年降水量最大的是鹰潭市，为 1952mm；最小的是九江市，为 1312mm。与 2022 年比较，景德镇市、萍乡市、赣州市、上饶市降水减少，其中以萍乡市减少 6.6% 为最大；南昌市、九江市、新余市、鹰潭市、吉安市、宜春市、抚州市降水增多，其中以抚州市增多 14.6% 为最大。与多年平均值比较，南昌市、景德镇市、九江市、赣州市降水减少，其中以九江市减少 13.1% 为最大；萍乡市、新余市、鹰潭市、吉安市、宜春市、抚州市、上饶市降水量增多，其中以新余市增多 10.5% 为最大。2023 年江西省行政分区年降水量见表 1。

---

[1] 2023 年江西省平均年降水量是依据 1085 个雨量站观测资料分析计算的。
[2] 年降水量距平指当年降水量与多年平均值的差除以多年平均值（%）。

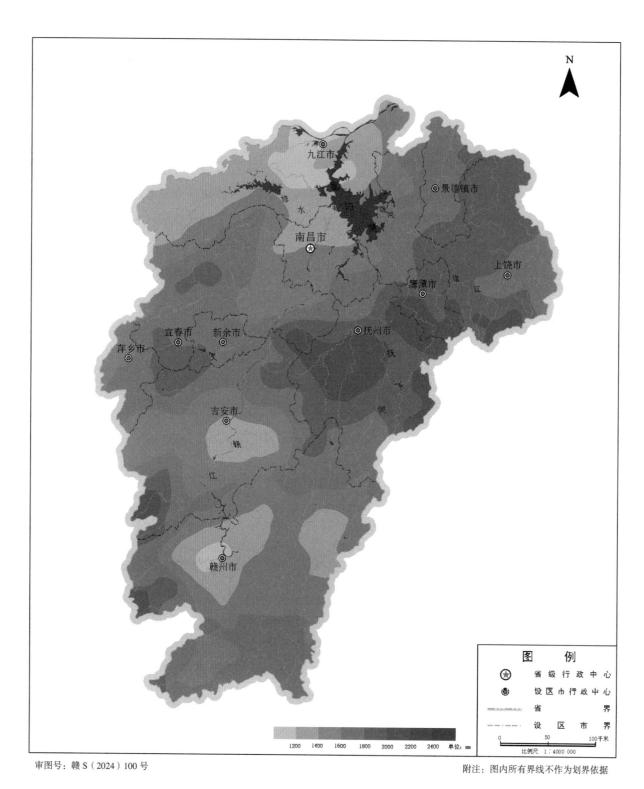

审图号：赣 S（2024）100 号

附注：图内所有界线不作为划界依据

图1　2023年江西省年降水量等值线图

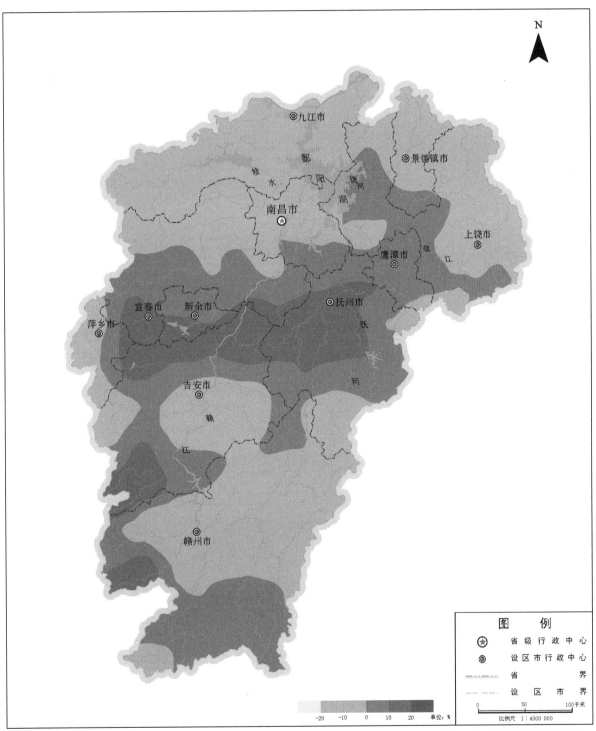

审图号：赣S（2024）100号

附注：图内所有界线不作为划界依据

图2　2023年江西省年降水量距平图

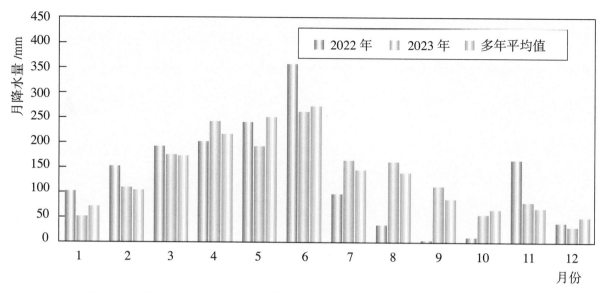

图 3　2023 年江西省月降水量变化与 2022 年和多年平均值比较图

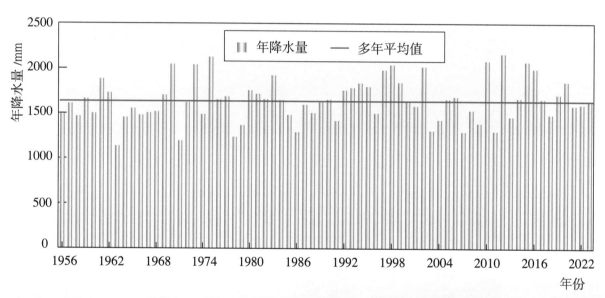

图 4　1956—2023 年江西省年降水量变化图

表 1　2023 年江西省行政分区年降水量

行政分区	2023 年降水量 /mm	2022 年降水量 /mm	与 2022 年比较 /%	与多年平均值比较 /%
南昌市	1445	1388	4.1	−8.1
景德镇市	1745	1788	−2.4	−3.8
萍乡市	1640	1756	−6.6	2.5
九江市	1312	1251	4.9	−13.1
新余市	1762	1703	3.5	10.5
鹰潭市	1952	1714	13.9	3.5
赣州市	1542	1565	−1.5	−3.1
吉安市	1608	1521	5.7	2.6
宜春市	1704	1689	0.9	2.0
抚州市	1927	1682	14.6	9.3
上饶市	1811	1857	−2.5	1.3
全省	1642	1599	2.6	−0.3

从水资源分区看，年降水量最大的是抚河，为 1915mm；最小的是长江干流城陵矶至湖口右岸区，为 1208mm。与 2022 年比较，信江、饶河、洞庭湖水系、东江、韩江及粤东诸河、东南诸河降水量减少，其中以东江减少 7.5% 为最大；其余分区年降水量均增多，其中以北江增多 16.6% 为最大。与多年平均值比较，赣江上游、修水、鄱阳湖环湖区、洞庭湖水系、长江干流城陵矶至湖口右岸区、长江干流湖口以下右岸区降水量减少，其中以长江干流城陵矶至湖口右岸区减少 15.7% 为最大；其余分区年降水量增多，其中以北江增多 14.9% 为最大。2023 年江西省水资源分区年降水量见表 2。

表2　2023 年江西省水资源分区降水量

水资源分区	2023 年降水量/mm	2022 年降水量/mm	与2022年比较/%	与多年平均值比较/%
1.长江流域	1640	1594	2.9	−0.4
(1) 鄱阳湖水系	1650	1603	2.9	−0.2
1) 赣江（外洲以上）	1597	1561	2.3	0.3
赣江上游（栋背以上）	1543	1532	0.7	−2.6
赣江中游（栋背至峡江）	1593	1535	3.8	0.8
赣江下游（峡江至外洲）	1716	1655	3.7	6.0
2) 抚河（李家渡以上）	1915	1681	13.9	9.1
3) 信江（梅港以上）	1897	1907	−0.5	1.2
4) 饶河（石镇街、古县渡以上）	1855	1889	−1.8	0.2
5) 修水（永修以上）	1445	1442	0.2	−12.2
6) 鄱阳湖环湖区	1503	1431	5.0	−2.4
(2) 洞庭湖水系	1582	1706	−7.3	−1.2
(3) 长江干流城陵矶至湖口右岸区（赤湖）	1208	1131	6.8	−15.7
(4) 长江干流湖口以下右岸区（彭泽区）	1376	1249	10.2	−2.7
2.珠江流域	1689	1817	−7.0	4.3
(1) 北江（大坑口以上至浈水）	1737	1489	16.6	14.9
(2) 东江（秋香江口以上至东江上游）	1685	1821	−7.5	4.1
(3) 韩江及粤东诸河（白莲以上至汀江、梅江）	1781	1810	−1.6	7.2
3.东南诸河（钱塘江至富春江水库上游）	1897	2000	−5.2	5.4
全省	1642	1599	2.6	−0.3

（二）地表水资源量

2023 年江西省地表水资源量为 1389.28 亿 m³，折合年径流深为 832.2mm，比 2022 年少 9.4%，比多年平均值少 10.5%。

从行政分区看，与 2022 年比较，南昌市、鹰潭市、抚州市地表水资源量增多，其中以南昌市增多 3.8% 为最大；其余设区市地表水资源量减少，其中以景德镇市减少 21.7% 为最大。与多年平均值比较，南昌市、萍乡市、新余市地表水资源量增多，其中以南昌市增多 19.7% 为最大；其余设区市地表水资源量减少，其中以九江市减少 32.1% 为最大。2023 年江西省行政分区地表水资源量见表 3，2023 年江西省行政分区地表水资源量与 2022 年和多年平均值比较见图 5。

表 3　2023 年江西省行政分区地表水资源量

行政分区	2023 年 地表水资源量 / 亿 m³	2022 年 地表水资源量 / 亿 m³	与 2022 年 比较 /%	与多年平均值 比较 /%
南昌市	74.19	71.48	3.8	19.7
景德镇市	42.40	54.13	−21.7	−19.9
萍乡市	38.48	47.16	−18.4	5.4
九江市	100.52	116.43	−13.7	−32.1
新余市	29.83	33.68	−11.4	2.4
鹰潭市	36.71	35.77	2.6	−12.4
赣州市	277.22	313.14	−11.5	−17.8
吉安市	197.02	211.66	−6.9	−13.2
宜春市	176.73	194.88	−9.3	−0.8
抚州市	194.49	187.73	3.6	−2.0
上饶市	221.69	267.54	−17.1	−8.0
全省	1389.28	1533.60	−9.4	−10.5

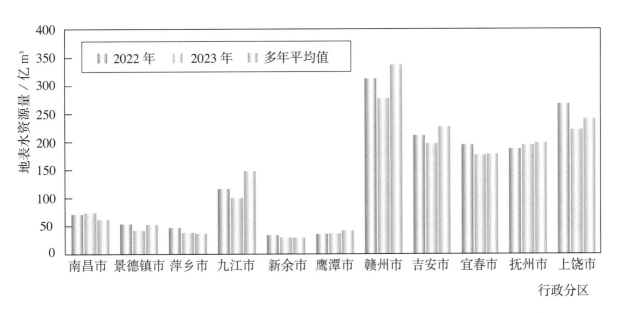

图 5　2023 年江西省行政分区地表水资源量与 2022 年和多年平均值比较图

从水资源分区看，与 2022 年比较，抚河、鄱阳湖环湖区、长江干流城陵矶至湖口右岸区、东江、韩江及粤东诸河地表水资源量增加，其中以韩江及粤东诸河增多 22.4%为最大；其余分区地表水资源量减少，其中以长江干流湖口以下右岸区减少 31.2% 为最大。与多年平均值比较，赣江下游、鄱阳湖环湖区、洞庭湖水系地表水资源量增多，其中以鄱阳湖环湖区增多 13.6% 为最大；其余分区地表水资源量减少，其中以长江干流湖口以下右岸区减少 36.9% 为最大。2023 年江西省水资源分区地表水资源量见表 4。

从出入境水量看，2023 年，外省流入江西省境内的水量为 45.30 亿 m³，其中，福建省流入 10.67 亿 m³，湖南省流入 6.78 亿 m³，广东省流入 2.22 亿 m³，浙江省流入 5.82 亿 m³，安徽省流入 19.81 亿 m³。

从江西省流出的水量（不包括湖口流入长江的水量）为 72.06 亿 m³。其中，从萍乡市、宜春市流出至湖南省的水量为 21.36 亿 m³，从九江市流出至湖南省的水量为 1.86 亿 m³，从九江市流出至湖北省的水量为 2.48 亿 m³，从九江市流出至长江的水量

表 4 2023 年江西省水资源分区地表水资源量

水资源分区	2023 年地表水资源量 / 亿 m³	2022 年地表水资源量 / 亿 m³	与 2022 年比较 /%	与多年平均值比较 /%
1. 长江流域	1360.22	1505.05	-9.6	-10.5
(1) 鄱阳湖水系	1314.05	1453.13	-9.6	-10.4
1) 赣江（外洲以上）	620.45	689.42	-10.0	-12.2
赣江上游（栋背以上）	276.11	314.63	-12.2	-17.1
赣江中游（栋背至峡江）	175.85	191.78	-8.3	-14.5
赣江下游（峡江至外洲）	168.49	183.01	-7.9	0.2
2) 抚河（李家渡以上）	160.62	155.06	3.6	-2.6
3) 信江（梅港以上）	157.55	184.08	-14.4	-10.0
4) 饶河（石镇街、古县渡以上）	104.74	133.82	-21.7	-18.7
5) 修水（永修以上）	90.96	113.23	-19.7	-31.7
6) 鄱阳湖环湖区	179.73	177.52	1.2	13.6
(2) 洞庭湖水系	25.43	29.15	-12.8	4.3
(3) 长江干流城陵矶至湖口右岸区（赤湖）	14.16	13.21	7.2	-22.3
(4) 长江干流湖口以下右岸区（彭泽区）	6.58	9.56	-31.2	-36.9
2. 珠江流域	27.96	27.23	2.7	-11.7
(1) 北江（大坑口以上至浈水）	0.28	0.35	-20.0	-15.5
(2) 东江（秋香江口以上至东江上游）	26.48	25.90	2.2	-11.9
(3) 韩江及粤东诸河（白莲以上至汀江、梅江）	1.20	0.98	22.4	-6.0
3. 东南诸河（钱塘江至富春江水库上游）	1.10	1.32	-16.7	-0.04
全省	1389.28	1533.60	-9.4	-10.5

为 18.08 亿 m³，从上饶市流出至浙江省的水量为 1.06 亿 m³，从赣州市流出至广东省的水量为 27.22 亿 m³。

2023 年湖口水文站实测从湖口流入长江的水量为 1222.00 亿 m³。2023 年江西省流入流出水量分布见图 6。

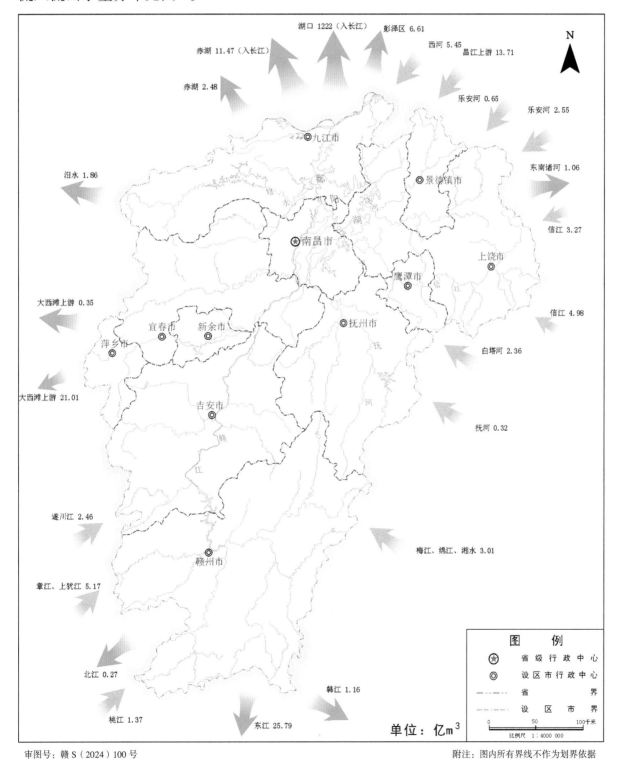

单位：亿 m³

图 6　2023 年江西省流入流出水量分布图

（三）地下水资源量

2023年江西省地下水资源量为341.37亿m³，比2022年少6.1%，比多年平均值少9.8%。平原区地下水资源量为35.93亿m³，其中，降水入渗补给量为32.41亿m³，地表水体入渗补给量为3.52亿m³；山丘区地下水资源量为306.22亿m³；平原区与山丘区地下水资源重复计算量为0.78亿m³。2023年江西省地下水水资源量组成见图7。

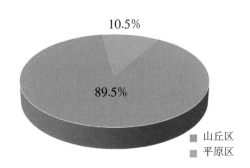

图7　2023年江西省地下水资源量组成图

（四）水资源总量

2023年江西省水资源总量为1409.53亿m³，比2022年少9.4%，比多年平均值少10.2%。地下水资源与地表水资源不重复量为20.25亿m³。全省水资源总量占降水总量的51.44%，单位面积产水量为84.43万m³/km²。2023年江西省行政分区水资源总量见表5，2023年江西省水资源分区水资源总量见表6，1956—2023年江西省年水资源总量变化见图8。

表5　2023年江西省行政分区水资源总量

行政分区	地表水资源量/亿m³	地下水资源量/亿m³	地下水资源与地表水资源不重复量/亿m³	水资源总量/亿m³	与2022年比较/%	与多年平均值比较/%
南昌市	74.19	14.22	3.87	78.06	3.0	18.5
景德镇市	42.40	10.06	0	42.40	−21.7	−19.9
萍乡市	38.48	8.66	0	38.48	−18.4	5.4
九江市	100.52	27.63	7.10	107.62	−13.4	−29.8
新余市	29.83	8.40	0	29.83	−11.4	2.4
鹰潭市	36.71	8.47	0.10	36.81	2.6	−12.4
赣州市	277.22	68.36	0	277.22	−11.5	−17.8
吉安市	197.02	53.18	0	197.02	−6.9	−13.2
宜春市	176.73	47.14	3.03	179.76	−9.4	−0.5
抚州市	194.49	47.12	0.02	194.51	3.6	−2.0
上饶市	221.69	48.13	6.13	227.82	−16.9	−7.2
全省	1389.28	341.37	20.25	1409.53	−9.4	−10.2

表 6　2023 年江西省水资源分区水资源总量

水资源分区	地表水资源量/亿 m³	地下水资源量/亿 m³	地下水资源与地表水资源不重复量/亿 m³	水资源总量/亿 m³	与2022年比较/%	与多年平均值比较/%
1. 长江流域	1360.22	335.86	20.25	1380.47	−9.6	−10.1
（1）鄱阳湖水系	1314.05	327.46	20.25	1334.30	−9.6	−10.0
1）赣江（外洲以上）	620.45	164.37	0	620.45	−10.0	−12.2
赣江上游（栋背以上）	276.11	71.92	0	276.11	−12.2	−17.1
赣江中游（栋背至峡江）	175.85	48.15	0	175.85	−8.3	−14.5
赣江下游（峡江至外洲）	168.49	44.30	0	168.49	−7.9	0.2
2）抚河（李家渡以上）	160.62	39.05	0	160.62	3.6	−2.6
3）信江（梅港以上）	157.55	36.62	0	157.55	−14.4	−10.0
4）饶河（石镇街、古县渡以上）	104.74	23.45	0	104.74	−21.7	−18.7
5）修水（永修以上）	90.96	28.82	0	90.96	−19.7	−31.7
6）鄱阳湖环湖区	179.73	35.15	20.25	199.98	−0.1	14.6
（2）洞庭湖水系	25.43	4.39	0	25.43	−12.8	4.3
（3）长江干流城陵矶至湖口右岸区（赤湖）	14.16	2.77	0	14.16	7.2	−22.3
（4）长江干流湖口以下右岸区（彭泽区）	6.58	1.24	0	6.58	−31.2	−36.9
2. 珠江流域	27.96	5.21	0	27.96	2.7	−11.7
（1）北江（大坑口以上至浈水）	0.28	0.07	0	0.28	−20.0	−15.5
（2）东江（秋香江口以上至东江上游）	26.48	4.93	0	26.48	2.2	−11.9
（3）韩江及粤东诸河（白莲以上至汀江、梅江）	1.20	0.21	0	1.20	22.4	−6.0
3. 东南诸河（钱塘江至富春江水库上游）	1.10	0.30	0	1.10	−16.7	0.0
全省	1389.28	341.37	20.25	1409.53	−9.4	−10.2

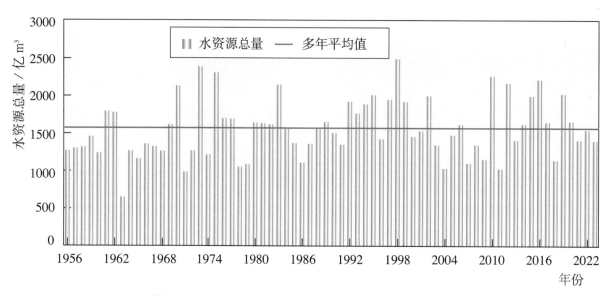

图 8 1956—2023 年江西省年水资源总量变化图

三、蓄水动态

2023 年年末，江西省 36 座大型水库、264 座中型水库蓄水总量为 126.51 亿 m³，比年初增加 11.50 亿 m³，其中，大型水库年末蓄水总量为 100.25 亿 m³，比年初增加 5.44 亿 m³；中型水库年末蓄水总量为 26.26 亿 m³，比年初增加 6.05 亿 m³。2023 年江西省大中型水库年均蓄水量为 127.67 亿 m³，其中，大型水库年均蓄水量为 99.90 亿 m³，中型水库年均蓄水量为 27.77 亿 m³。2023 年江西省行政分区大中型水库蓄水动态见表 7，2023 年江西省水资源分区大中型水库蓄水动态见表 8。

表 7　2023 年江西省行政分区大中型水库蓄水动态

行政分区	大型水库					中型水库				
	水库座数/座	年初蓄水总量/亿 m³	年末蓄水总量/亿 m³	蓄水变量/亿 m³	年均蓄水量/亿 m³	水库座数/座	年初蓄水总量/亿 m³	年末蓄水总量/亿 m³	蓄水变量/亿 m³	年均蓄水量/亿 m³
南昌市	0	0	0	0	0	7	0.20	0.40	0.20	0.45
景德镇市	2	1.33	1.36	0.03	1.57	6	0.14	0.23	0.09	0.11
萍乡市	1	0.70	0.71	0.01	0.73	7	0.41	0.44	0.03	0.54
九江市	2	42.90	46.49	3.59	47.32	27	2.80	3.12	0.32	3.14
新余市	1	3.32	2.90	−0.42	2.97	6	0.18	0.27	0.09	0.31
鹰潭市	1	0.30	0.45	0.15	0.40	10	0.47	1.01	0.54	0.91
赣州市	6	9.35	9.38	0.03	9.71	47	5.69	6.11	0.42	6.27
吉安市	10	25.91	25.85	−0.06	24.11	40	2.18	3.00	0.82	3.54
宜春市	6	2.19	3.38	1.19	3.31	47	2.85	4.38	1.53	4.60
抚州市	2	5.23	5.68	0.45	5.19	28	2.64	3.36	0.72	3.66
上饶市	5	3.58	4.05	0.47	4.59	39	2.65	3.94	1.29	4.24
全省	36	94.81	100.25	5.44	99.90	264	20.21	26.26	6.05	27.77

注　1. 水库座数以水库下闸蓄水为标准统计。
　　2. 年均蓄水量采用各月月末蓄水量的均值。
　　3. 蓄水变量＝年末蓄水总量－年初蓄水总量。

表 8　2023 年江西省水资源分区大中型水库蓄水动态

水资源分区	大型水库					中型水库				
	水库座数/座	年初蓄水总量/亿 m³	年末蓄水总量/亿 m³	蓄水变量/亿 m³	年均蓄水量/亿 m³	水库座数/座	年初蓄水总量/亿 m³	年末蓄水总量/亿 m³	蓄水变量/亿 m³	年均蓄水量/亿 m³
1.长江流域	36	94.81	100.25	5.44	99.90	257	18.90	25.01	6.11	26.54
(1) 鄱阳湖水系	36	94.81	100.25	5.44	99.90	245	18.17	24.25	6.08	25.64
1) 赣江（外洲以上）	21	40.79	40.96	0.17	39.52	123	8.26	10.34	2.08	11.38
赣江上游（栋背以上）	7	20.15	19.58	−0.57	18.66	42	4.54	5.13	0.59	5.25
赣江中游（栋背至峡江）	8	13.16	13.72	0.56	13.25	39	2.18	2.82	0.64	3.36
赣江下游（峡江至外洲）	6	7.48	7.66	0.18	7.61	42	1.54	2.39	0.85	2.77
2) 抚河（李家渡以上）	2	5.23	5.68	0.45	5.19	20	1.89	2.44	0.55	2.59
3) 信江（梅港以上）	4	3.61	3.88	0.27	4.41	34	2.76	4.01	1.25	4.22
4) 饶河（石镇街、古县渡以上）	3	1.51	1.65	0.14	1.86	14	0.67	0.87	0.20	0.90
5) 修水（永修以上）	3	43.29	46.88	3.59	47.86	19.00	3.27	3.79	0.52	3.77
6) 鄱阳湖环湖区	3	0.38	1.20	0.82	1.06	35	1.32	2.79	1.47	2.78
(2) 洞庭湖水系	0	0	0	0	0	5	0.27	0.31	0.04	0.39
(3) 长江干流城陵矶至湖口右岸区（赤湖）	0	0	0	0	0	3	0.09	0.18	0.09	0.17
(4) 长江干流湖口以下右岸区（彭泽区）	0	0	0	0	0	4	0.37	0.27	−0.10	0.34
2.珠江流域	0	0	0	0	0	7	1.31	1.25	−0.06	1.23
(1) 北江（大坑口以上至浈水）	0	0	0	0	0	0	0	0	0	0
(2) 东江（秋香江口以上至东江上游）	0	0	0	0	0	7	1.31	1.25	−0.06	1.23
(3) 韩江及粤东诸河（白莲以上至汀江、梅江）	0	0	0	0	0	0	0	0	0	0
3.东南诸河（钱塘江至富春江水库上游）	0	0	0	0	0	0	0	0	0	0
全省	36	94.81	100.25	5.44	99.90	264	20.21	26.26	6.05	27.77

注　1.水库座数以水库下闸蓄水为标准统计。

　　2.年均蓄水量采用各月月末蓄水量的均值。

　　3.蓄水变量＝年末蓄水总量−年初蓄水总量。

四、水资源开发利用

（一）供水量

2023 年江西省供水总量为 240.65 亿 m³，占全年水资源总量的 17.1%。其中，地表水源供水量为 234.66 亿 m³，地下水源供水量为 2.57 亿 m³，其他水源供水量为 3.42 亿 m³。2023 年江西省行政分区供水量见表 9，2023 年江西省水资源分区供水量见表 10。与 2022 年比较，江西省供水总量减少 29.12 亿 m³，其中，地表水源供水量减少 25.98 亿 m³，地下水源供水量减少 3.51 亿 m³，其他水源供水量增加 0.38 亿 m³。在地表水源供水量中，蓄水工程供水量为 117.06 亿 m³，占 49.9%；引水工程供水量为 44.64 亿 m³，占 19.0%；提水工程供水量为 72.70 亿 m³，占 31.0%；调水工程供水量为 0.26 亿 m³，占 0.1%。2023 年江西省行政分区供水量组成见图 9，2023 年江西省水资源分区供水量组成见图 10。

表 9　2023 年江西省行政分区供水量　　　　　　单位：亿 m³

行政分区	地表水源供水量					地下水源供水量	其他水源供水量	供水总量
	蓄水	引水	提水	调水	小计			
南昌市	4.87	14.87	8.82	0	28.56	0.52	0.29	29.37
景德镇市	4.37	0.63	1.89	0	6.89	0.11	0.05	7.05
萍乡市	2.25	2.57	0.67	0.26	5.75	0.12	0.20	6.08
九江市	10.41	1.54	10.20	0	22.15	0.13	0.23	22.51
新余市	5.09	0.28	1.20	0	6.57	0.11	0.12	6.80
鹰潭市	1.95	1.38	2.82	0	6.15	0.08	0.08	6.31
赣州市	17.88	6.85	6.13	0	30.86	0.23	1.14	32.23
吉安市	20.75	3.79	5.82	0	30.35	0.21	0.20	30.76
宜春市	23.57	2.68	18.42	0	44.67	0.63	0.23	45.53
抚州市	9.18	5.09	7.45	0	21.72	0.07	0.68	22.47
上饶市	16.69	4.96	9.28	0	30.93	0.37	0.20	31.50
赣江新区	0.04	0	0	0	0.04	0	0	0.04
全省	117.06	44.64	72.70	0.26	234.66	2.57	3.42	240.65

表 10　2023 年江西省水资源分区供水量　　　　单位：亿 m³

水资源分区	地表水源供水量					地下水源供水量	其他水源供水量	供水总量
	蓄水	引水	提水	跨流域调水	小计			
1.长江流域	115.91	43.62	72.47	0.26	232.26	2.56	3.36	238.18
(1) 鄱阳湖水系	112.27	41.21	64.94	0	218.42	2.42	3.01	223.85
1) 赣江（外洲以上）	63.03	13.77	27.64	0	104.44	1.05	1.61	107.09
赣江上游（栋背以上）	19.01	6.47	6.15	0	31.63	0.23	1.08	32.94
赣江中游（栋背至峡江）	17.19	3.51	5.53	0	26.23	0.21	0.17	26.61
赣江下游（峡江至外洲）	26.83	3.79	15.95	0	46.57	0.61	0.35	47.53
2) 抚河（李家渡以上）	7.62	4.57	6.92	0	19.10	0.05	0.68	19.83
3) 信江（梅港以上）	10.36	4.16	6.07	0	20.59	0.25	0.21	21.05
4) 饶河（石镇街、古县渡以上）	8.04	1.47	3.95	0	13.46	0.18	0.08	13.72
5) 修水（永修以上）	7.37	1.71	2.06	0	11.13	0.09	0.07	11.29
6) 鄱阳湖环湖区	15.86	15.53	18.31	0	49.66	0.81	0.36	50.82
(2) 洞庭湖水系	1.35	1.86	0.66	0.26	4.13	0.10	0.17	4.40
(3) 长江干流城陵矶至湖口右岸区（赤湖）	1.23	0.25	6.17	0	7.65	0.04	0.12	7.81
(4) 长江干流湖口以下右岸区（彭泽区）	1.06	0.30	0.70	0	2.06	0	0.06	2.12
2.珠江流域	1.13	0.94	0.23	0	2.30	0.01	0.07	2.38
(1) 北江（大坑口以上至浈水）	0.02	0	0	0	0.02	0	0	0.02
(2) 东江（秋香江口以上至东江上游）	1.10	0.89	0.22	0	2.21	0.01	0.07	2.29
(3) 韩江及粤东诸河（白莲以上至汀江、梅江）	0.01	0.05	0.01	0	0.07	0	0	0.07
3.东南诸河（钱塘江至富春江水库上游）	0.01	0.08	0	0	0.09	0	0	0.09
全省	117.06	44.64	72.70	0.26	234.66	2.57	3.42	240.65

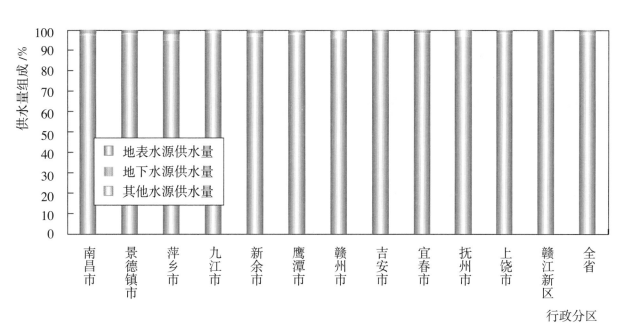

图9　2023年江西省行政分区供水量组成图

图10　2023年江西省水资源分区供水量组成图

（二）用水量

2023 年江西省用水总量为 240.65 亿 m³，比 2022 年减少 29.12 亿 m³。2023 年江西省行政分区用水量见表 11，2023 年江西省水资源分区用水量见表 12，2023 年江西省用水量组成与 2022 年对比见图 11，2023 年江西省行政分区用水量与 2022 年对比见图 12。

2023 年江西省用水量具体如下：

（1）农业用水量为 169.16 亿 m³，较 2022 年减少 25.32 亿 m³（2022 年干旱导致全省农业用水量大幅增加）。

（2）工业用水量为 37.92 亿 m³，较 2022 年减少 4.33 亿 m³。其中，火电工业用水量为 22.05 亿 m³，较 2022 年减少 0.67 亿 m³；非火电工业用水量 15.87 亿 m³，较 2022 年减少 3.66 亿 m³。

（3）生活用水量为 29.52 亿 m³，较 2022 年增加 0.30 亿 m³。其中，城镇公共用水量为 7.51 亿 m³，较 2022 年增加 0.02 亿 m³；居民生活用水量为 22.01 亿 m³，较 2022 年增加 0.28 亿 m³，城镇居民生活用水量为 15.76 亿 m³，农村居民生活用水量 6.26 亿 m³。

（4）生态环境用水量为 4.05 亿 m³，较 2022 年增加 0.23 亿 m³。其中，河湖补水 1.80 亿 m³，较 2022 年增加 0.34 亿 m³。

表 11　2023 年江西省行政分区用水量　　　单位：亿 m³

行政分区	农业用水量	工业用水量	生活用水量		生态环境用水量	用水总量	地下水用水量
			城镇公共用水量	居民生活用水量			
南昌市	17.43	4.59	1.80	3.44	2.11	29.37	0.52
景德镇市	4.77	0.85	0.47	0.88	0.08	7.05	0.11
萍乡市	3.83	0.99	0.28	0.87	0.11	6.08	0.12
九江市	12.48	6.56	0.59	2.61	0.27	22.51	0.13
新余市	4.85	1.12	0.15	0.60	0.08	6.80	0.11
鹰潭市	4.81	0.57	0.27	0.56	0.10	6.31	0.08
赣州市	24.78	1.94	1.00	4.28	0.23	32.23	0.23
吉安市	24.98	3.06	0.60	1.92	0.20	30.76	0.21
宜春市	26.64	15.48	0.90	2.18	0.33	45.53	0.63
抚州市	19.18	0.98	0.58	1.59	0.14	22.46	0.07
上饶市	25.41	1.75	0.87	3.07	0.40	31.50	0.37
赣江新区	0.00	0.03	0.00	0.01	0.00	0.04	0.00
全省	169.16	37.92	7.51	22.01	4.05	240.65	2.57

表 12　2023年江西省水资源分区用水量　　　　　单位：亿 m³

| 水资源分区 | 农业用水量 | 工业用水量 | 生活用水量 | | 生态环境用水量 | 用水总量 | 地下水用水量 |
			城镇公共用水量	居民生活用水量			
1.长江流域	167.14	37.86	7.42	21.72	4.04	238.18	2.56
（1）鄱阳湖水系	161.78	31.59	6.87	19.83	3.79	223.82	2.42
1）赣江（外洲以上）	73.78	21.59	2.44	8.51	0.78	107.10	1.05
赣江上游（栋背以上）	25.47	2.00	0.99	4.24	0.24	32.94	0.23
赣江中游（栋背至峡江）	21.25	2.93	0.54	1.71	0.19	26.61	0.21
赣江下游（峡江至外洲）	27.06	16.66	0.91	2.56	0.35	47.54	0.61
2）抚河（李家渡以上）	16.93	0.88	0.53	1.37	0.12	19.83	0.05
3）信江（梅港以上）	16.00	1.49	0.84	2.36	0.36	21.05	0.24
4）饶河（石镇街、古县渡以上）	10.01	1.53	0.62	1.40	0.16	13.72	0.18
5）修水（永修以上）	9.48	0.53	0.21	0.97	0.10	11.29	0.09
6）鄱阳湖环湖区	35.58	5.57	2.23	5.23	2.27	50.87	0.82
（2）洞庭湖水系	2.56	0.78	0.24	0.72	0.09	4.39	0.10
（3）长江干流城陵矶至湖口右岸区（赤湖）	1.65	4.67	0.28	1.06	0.15	7.81	0.04
（4）长江干流湖口以下右岸区（彭泽区）	1.15	0.82	0.03	0.11	0.01	2.12	0
2.珠江流域	1.94	0.06	0.08	0.29	0.01	2.38	0.01
（1）北江（大坑口以上至浈水）	0.01	0	0	0.01	0	0.02	0
（2）东江（秋香江口以上至东江上游）	1.86	0.06	0.08	0.28	0.01	2.29	0.01
（3）韩江及粤东诸河（白莲以上至汀江、梅江）	0.07	0	0	0	0	0.07	0
3.东南诸河（钱塘江至富春江水库上游）	0.08	0	0	0.01	0	0.09	0
全省	169.16	37.92	7.51	22.01	4.05	240.65	2.57

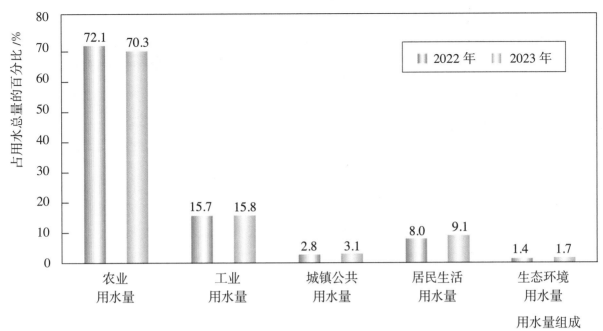

图 11　2023 年江西省用水量组成与 2022 年对比图

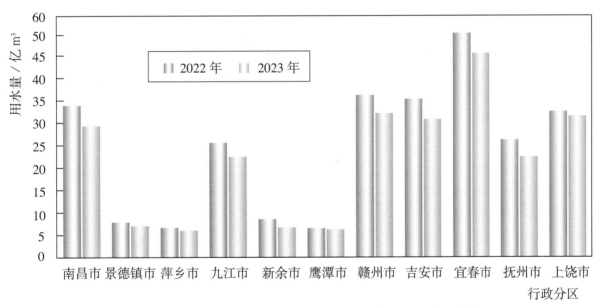

图 12　2023 年江西省行政分区用水量与 2022 年对比图

（三）耗水量

2023 年江西省耗水总量为 115.00 亿 m³，较 2022 年减少 14.61 亿 m³，综合耗水率为 47.8%。在耗水总量中，农业耗水量为 93.36 亿 m³，占耗水总量的 81.2%，耗水率为 55.2%；工业耗水量为 8.51 亿 m³，占耗水总量的 7.4%，耗水率为 22.4%；城镇公共耗水量为 2.77 亿 m³，占耗水总量的 2.4%，耗水率为 36.9%；居民生活耗水量为 8.51 亿 m³，占耗水总量的 7.4%，耗水率为 38.6%；生态环境耗水量为 1.85 亿 m³，占耗水总量的 1.6%，耗水率为 45.8%。2023 年江西省分行业耗水量及耗水率见表 13，2023 年江西省行政分区耗水量及耗水率见表 14，2023 年江西省行政分区耗水率见图 13。

表 13　2023 年江西省分行业耗水量及耗水率

行业类别	耗水量 / 亿 m³	占耗水总量比例 /%	耗水率 /%
农业	93.36	81.2	55.2
工业	8.51	7.4	22.4
城镇公共	2.77	2.4	36.9
居民生活	8.51	7.4	38.6
生态环境	1.85	1.6	45.8

表 14　2023 年江西省行政分区耗水量及耗水率

行政分区	耗水量 / 亿 m³	耗水率 /%
南昌市	13.92	47.4
景德镇市	3.53	50.1
萍乡市	2.98	49.0
九江市	9.86	43.8
新余市	3.42	50.3
鹰潭市	3.29	52.1
赣州市	17.31	53.7
吉安市	15.24	49.5
宜春市	16.86	37.0
抚州市	12.07	53.7
上饶市	16.51	52.4
赣江新区	0.01	32.9
全省	115.00	47.8

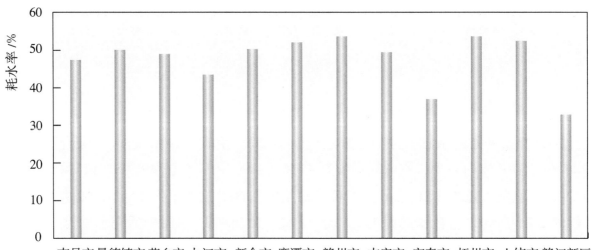

图 13　2023 年江西省行政分区耗水率

（四）用水指标

2023 年江西省人均综合用水量为 533m³，万元地区生产总值（当年价）用水量为 75m³，万元工业增加值（当年价）用水量为 34m³，耕地实际灌溉亩均用水量为 567m³，农田灌溉水有效利用系数为 0.538，林地灌溉亩均用水量为 235m³，园地灌溉亩均用水量为 144m³，鱼塘补水亩均用水量为 265m³，人均生活用水量（含公共用水）为 179L/d，人均城乡居民用水量为 134L/d。近九年全省万元地区生产总值用水量、万元工业增加值用水量呈下降趋势；2023 年，耕地实际灌溉亩均用水量呈下降趋势，人均用水量略有上升。近九年江西省主要用水指标的变化趋势见图 14。

图 14　近九年江西省主要用水指标的变化趋势图

受人口密度、经济结构、作物组成、节水水平、气候因素和水资源条件等多种因素的影响，全省各行政分区用水指标值差别较大，2023 年江西省行政分区主要用水指标见表 15。

表 15　2023 年江西省行政分区主要用水指标

行政分区	人均水资源量 /m³	人均综合用水量 /m³	万元地区生产总值用水量 /m³	万元工业增加值用水量 /m³	耕地实际灌溉亩均用水量 /m³	人均生活用水量 /（L/d）	人均城乡居民用水量 /（L/d）
南昌市	1188	447	39	19	615	219	144
景德镇市	2623	436	59	19	614	229	149
萍乡市	2136	337	53	25	616	175	132
九江市	2373	496	59	44	489	193	158
新余市	2489	567	54	26	606	171	137
鹰潭市	3198	548	49	10	601	198	133
赣州市	3084	359	70	13	578	161	130
吉安市	4492	701	112	30	549	157	120
宜春市	3636	921	131	124	577	171	121
抚州市	5460	630	110	17	534	167	122
上饶市	3562	493	93	16	576	169	132
全省	3122	533	75	34	567	179	134

注　1. 万元地区生产总值用水量和万元工业增加值用水量指标按当年价格计算。
　　2. 人口采用常住人口。
　　3. 人均水资源量为当年当地水资源总量（不含过境水量）除以常住人口。
　　4. 本表中"人均生活用水量"包括城乡居民家庭生活用水和公共用水（含第三产业及建筑业等用水），"人均城乡居民用水"仅包括城乡居民家庭生活用水。

五、用水总量和用水效率控制指标执行情况

（一）2023 年度控制指标

按照国家下达的 2023 年控制指标和考核规定的年度目标计算方法，2023 年度江西省用水总量和用水效率控制目标是：用水总量控制在 262.32 亿 m³ 以内，万元地区生产总值用水量较 2020 年降低 13.0%，万元工业增加值用水量较 2020 年降低 15.0%，农田灌溉水有效利用系数达到 0.524。2023 年度江西省用水总量和用水效率控制目标执行情况良好，全省及各设区市折算后的用水总量和用水效率均在控制范围内。

（二）2023 年度目标完成情况

1. 用水总量

江西省用水总量为 240.65 亿 m³，按 98.5% 耗水量折减 2000 年以后投产的直流冷却火电用水量、按 100% 折减河湖补水用水量后，用水总量为 219.32 亿 m³。2023 年江西省行政分区用水总量控制指标完成情况见表 16。

2. 用水效率

（1）江西省万元地区生产总值用水量（可比价）较 2020 年降低 16.3%，年度控制指标为 13.0%。2023 年江西省行政分区万元地区生产总值用水量控制指标完成情况见表 17。

（2）江西省万元工业增加值用水量（可比价）较 2020 年降低 37.9%，年度控制指标为 15.0%。2023 年江西省行政分区万元工业增加值用水量控制指标完成情况见表 18。

（3）2023 年江西省非常规水源 3.42 亿 m³，年度控制指标为 3.05 亿 m³。2023 年江西省行政分区非常规水源利用控制指标完成情况见表 19。

（4）江西省农田灌溉水有效利用系数为 0.538，年度控制目标为 0.524。2023 年江西省行政分区农田灌溉水有效利用系数控制指标完成情况见表 20。

表 16　2023 年江西省行政分区用水总量控制指标完成情况　单位：亿 m³

行政分区	2023 年用水总量	折减的直流火电用水量	折减的河湖补水用水量	折算后的 2023 年用水总量	2023 年控制指标
南昌市	29.37	0	1.55	27.82	32.36
景德镇市	7.05	0	0	7.05	9.27
萍乡市	6.08	0	0.02	6.06	9.00
九江市	22.51	3.89	0.09	18.53	23.41
新余市	6.80	0	0	6.80	8.21
鹰潭市	6.31	0	0.01	6.31	10
赣州市	32.23	0	0	32.23	35.97
吉安市	30.76	2.27	0	28.49	31.91
宜春市	45.53	13.36	0.10	32.07	36.87
抚州市	22.46	0	0.03	22.42	24.8
上饶市	31.50	0	0	31.50	34.05
赣江新区	0.04	0	0	0.04	0.97
全省	240.65	19.52	1.81	219.32	262.32

表 17　2023 年江西省行政分区万元地区生产总值用水量控制指标完成情况

行政分区	2023 年万元国内生产总值用水量（可比价）/m³	较 2020 年下降率（可比价）/%	2023 年控制指标/%
南昌市	41.1	21.6	10.0
景德镇市	62.6	23.3	12.0
萍乡市	55.3	20.8	10.2
九江市	50.1	11.2	10.2
新余市	58.2	23.3	11.0
鹰潭市	52.4	19.4	9.0
赣州市	73.1	19.3	12.0
吉安市	109.9	14.1	13.2
宜春市	96.9	18.5	13.8
抚州市	117.9	16.1	14.0
上饶市	97.7	13.0	12.0
全省	71.7	16.3	13.0

表 18　2023 年江西省行政分区万元工业增加值用水量控制指标完成情况

行政分区	2023 年万元工业增加值用水量（可比价）/m³	较 2020 年下降率（可比价）/%	2023 年控制指标/%
南昌市	20.3	43.6	10.0
景德镇市	19.3	59.7	13.0
萍乡市	25.5	48.6	9.0
九江市	44.5	13.8	9.6
新余市	25.5	55.5	11.0
鹰潭市	10.3	61.1	11.0
赣州市	13.2	41.1	10.8
吉安市	30.3	48.5	10.2
宜春市	126.8	31.5	9.6
抚州市	17.4	56.8	14.0
上饶市	16.7	43.9	10.0
全省	34.8	37.9	15.0

表 19　2023 年江西省行政分区非常规水源最低利用量控制指标完成情况　单位：亿 m³

行政分区	2023 年非常规水源利用量	2023 年控制指标
南昌市	0.29	0.22
景德镇市	0.05	0.04
萍乡市	0.20	0.11
九江市	0.23	0.14
新余市	0.12	0.12
鹰潭市	0.08	0.06
赣州市	1.14	1.13
吉安市	0.20	0.14
宜春市	0.23	0.19
抚州市	0.68	0.64
上饶市	0.20	0.14
全省	3.42	3.05

表 20　2023 年江西省行政分区农田灌溉水有效利用系数控制指标完成情况

行政分区	2023 年农田灌溉水有效利用系数	2023 年控制指标
南昌市	0.538	0.520
景德镇市	0.534	0.516
萍乡市	0.542	0.527
九江市	0.544	0.535
新余市	0.533	0.518
鹰潭市	0.532	0.516
赣州市	0.538	0.522
吉安市	0.538	0.526
宜春市	0.534	0.512
抚州市	0.541	0.527
上饶市	0.540	0.515
全省	0.538	0.524

六、江西省水利十件大事

（一）习近平总书记亲临考察长江国家文化公园九江城区段和长江干流江西段崩岸应急治理工程

习近平总书记 10 月到江西考察，第一站查看了长江干流江西段崩岸应急治理工程，该工程是国家 150 项重大水利工程之一。2023 年 7 月 15 日，该工程全面完工，较工期提前 4 个月。工程建成大幅提升长江江西段防洪能力，实现工程效益与生态效益有机结合，对推动地方经济社会高质量发展具有重要意义。

（二）江西水库除险加固五年任务三年完成

江西省委、省政府 2021 年提出"十四五"期间水库除险加固和运行管护工作"五年任务三年完成"的目标。全省上下超前谋划、多措并举，三年砥砺奋进，1664 座病险水库已全部完成政府验收，全省水安全保障能力有效提升，获得水利部肯定。

（三）江西水利建设获得 2022 年国务院督查激励，2023 年水利投资再创新高

江西水利建设连续三年获国务院督查激励。2023 年，江西以全国省级水网先导区建设为抓手，推进水利投融资改革，加快重大项目前期工作，全年水利投资达 662 亿元，较去年增长 20%，超额完成年度目标任务，以水利项目的"进"支撑经济社会发展的"稳"。

（四）江西实现国务院实行最严格水资源管理制度考核"五连优"

江西贯彻落实国家节水行动，大力推进水资源节约集约利用，累计创建各类节水载体 1.3 万家，工业企业、工业园区和景德镇市荣获国家级节水载体称号，实现"零"的突破。56 个县级城市建成应急备用水源或互为备用"双水源"。规模以上非农取水口和全省 5 万亩以上大中型灌区渠首取水口取水在线监测计量全覆盖。水权交易水量突破亿立方米大关，交易宗数位居长江流域前列。

（五）江西水旱灾害防御取得全面胜利

江西深入践行以人民为中心的发展思想。2023 年，3 次启动洪水防御应急响应，防御 8 次强降雨过程，37 次调度水库错峰削峰，预警服务 80 万余人次，指导危险区安全转移群众 2.33 万人，无一人伤亡，无旱灾发生，牢牢筑起安全防线。

（六）江西深入贯彻落实中共中央办公厅、国务院办公厅印发的《关于加强新时代水土保持工作的意见》取得明显成效

2023 年 9 月，江西省政府办公厅印发《关于加强新时代水土保持工作的实施方案》，明确了总体要求、重点任务和保障措施。"十四五"以来，江西累计完成水土流失治理面积 3828.38km²，全省水土保持率从 2020 年的 85.87% 提升到 2022 年的 86.2%，全国水土保持规划实施情况评估均连续五年获评优秀，推进美丽中国"江西样板"走向新高度。

（七）江西启动推进解决农田灌溉"最后一公里"攻坚行动

2023 年 9 月，江西省政府办公厅印发《关于江西省推进解决农田灌溉"最后一公里"问题攻坚行动方案（2023—2025）》，明确提出"到 2025 年基本解决全省 260 余万亩农田灌溉'最后一公里'的问题"工作要求，进一步提升农田灌溉保障和农业综合生产能力，保障粮食安全。

（八）鄱阳湖康山蓄滞洪区安全建设工程开工建设

鄱阳湖康山蓄滞洪区地处鄱阳湖东南岸，蓄洪面积 292.98km²，有效蓄洪容积 15.69 亿 m³。工程于 2023 年 5 月 10 日开工建设，这是水利部 2023 年重点推进实施的 66 项重大水利工程之一，工程建成将有力保障鄱阳湖安澜、百姓安居。

（九）江西水利科技工作再创佳绩

2023 年，江西坚持"科研＋转化"，全省获批各级各类科研项目 76 项，获得省部级奖励 9 项。实施"科技＋水利"项目机制，量身定制开展水利科普宣传。"堤坝防渗体修复加固与应急处置关键技术及其应用"荣获 2022 年度省科技进步一等奖，连续五年荣获省科技进步一等奖。

（十）赣州全国革命老区水利高质量发展示范区建设成效显著

赣州市成功获批全省首批水网先行市，积极推进水土保持高质量发展先行区建设，加速梅江灌区项目建设，全力推动平江灌区工程开工建设，水利投融资改革成效明显，扎实推进水文化建设，革命老区人民生活品质得到新提高。

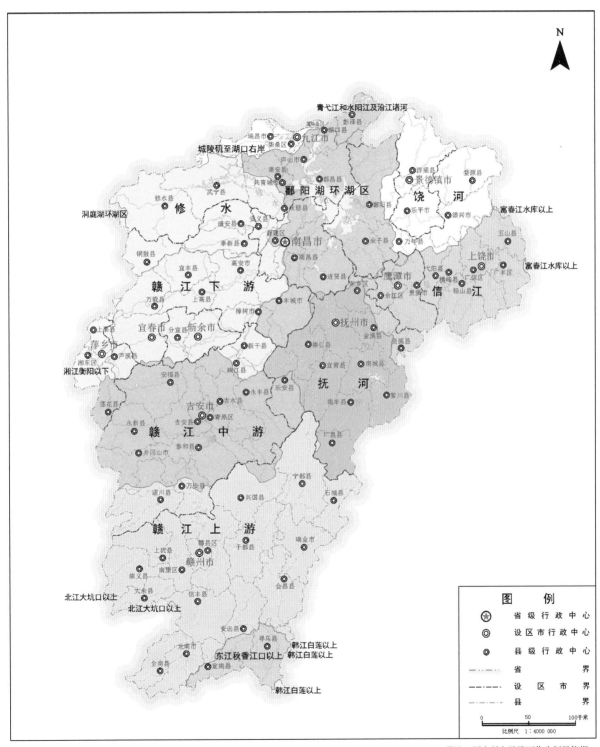

审图号：赣 S（2024）100 号

附注：图内所有界线不作为划界依据

江西省水资源三级区示意图

《江西省水资源公报》编委会

主　任：姚毅臣

副主任：许盛丰　方少文　郭泽杰

成　员：田承伟　胡　伟　杨永生　刘丽华　付　敏

　　　　向爱农　邹　崴　黎　明　苏立群　谭　翼

　　　　李小强　温珍玉　成静清

《江西省水资源公报》编写单位

江西省水文监测中心

江西省灌溉试验中心站

江西省各流域水文水资源监测中心

《江西省水资源公报》编辑人员

主　编：温珍玉

副主编：喻中文　韦　丽

成　员：殷国强　陈　芳　余　菁　彭　英　吴　智

　　　　艾会丽　仝兴庆　陈宗怡　邵艳华　周润根

　　　　唐晶晶　周　骏　吴剑英　王　会　袁美龄

　　　　刘　鹂　付燕芳　王时梅　孙　璟　占　珊

　　　　代银萍　石可寒　邓月萍　吴燕萍

责任编辑　刘巍（103656940@qq.com）

JIANGXI PROVINCE WATER RESOURCES BULLETIN

2023

微信号：Waterpub-Pro

唯一官方微信服务平台

微信号：悦读水电

扫一扫

江西省水资源公报视频

销售分类：水利水电

ISBN 978-7-5226-2455-6

9 787522 624556 >

定价：48.00 元

2023

广东省水资源公报

GUANGDONG PROVINCE WATER RESOURCES BULLETIN

广东省水利厅 编

中国水利水电出版社
www.waterpub.com.cn